奇幻大自然探索图鉴

灭绝的恐龙家族

（日）土屋健　著

木木　译

辽宁科学技术出版社
·沈阳·

目 录

第1章　恐龙比比看

第2章　恐龙世界杯

第3章　古生物比比看

遇见小角

我叫小龙，是一名小学五年级学生，我非常喜欢恐龙。暑假期间，我和同学们一起参加了海边夏令营。

哇！
这里有好多小岛呀！那个小岛好棒啊！

简直跟剑龙一模一样！

不知道是骑恐龙快，还是骑自行车更快呢？

确实有很多恐龙奔跑速度非常快，但是因为没有跟自行车对比过，我也不是很清楚。

让我来告诉你们吧！

什，什么，那个小岛发出了声音？

蠕动　蠕动

10

第1章
恐龙比比看

迄今为止，人们发现了许多恐龙化石，它们的种类、姿态各异。有长着长脖子、大尾巴，总长度超过 30 米的巨型恐龙，也有跟家养的小狗身形相似的小型恐龙。

随着研究的深入，我们也逐渐了解了一些关于恐龙的嗅觉、咬合力等方面的信息。下面，我们从不同的角度来对恐龙进行一下对比吧！

这里有很多关于恐龙的有趣对比呦！

奔跑速度对比（→p.54）

长度对比（→p.14）

高度对比（→p.24）

太开心了，
出发！

13

体型巨大的恐龙

比比看 谁更长

在地球 46 亿年的历史长河中，恐龙出现在距今 2 亿 3000 万年前，它们作为史上最大型的陆地脊椎动物，统治了地球 1 亿 6000 多万年。那么，恐龙到底有多大呢？在这里，我们选取了几种大型恐龙以及比较有名的恐龙，与现代的交通工具和动物等进行对比，你看就知道了。

非洲象

特征 陆地上最大的哺乳动物。

7.5米

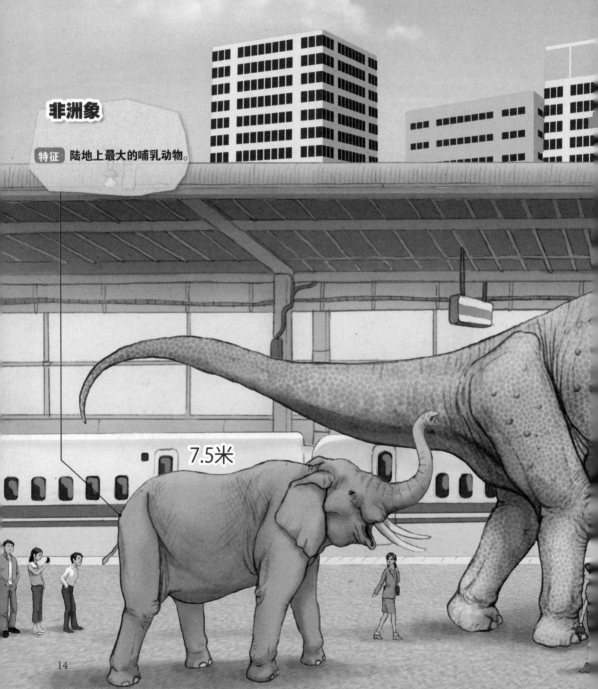

阿根廷龙

化石产地 阿根廷

生存时代 白垩纪中期

特征 以小头、长脖子、长尾巴为特征的草食恐龙，属于蜥脚类恐龙。曾是世界上最大的恐龙。

36米

27.35米（车头）＋25米（车身）

日本 N700 系新干线

比比看
谁更长

南方巨兽龙

化石产地 阿根廷

生存时代 白垩纪晚期

特征 大型肉食恐龙，嘴里长了一口锋利的牙齿，能轻易咬碎猎物的骨骼。

14米

12米

7米

湾鳄

特征 经常袭击人类的超大型鳄鱼。

13米

魁纣龙

化石产地 阿根廷

生存时代 白垩纪早期

特征 与南方巨兽龙是"近亲"，都是大型肉食恐龙，但是身体要比南方巨兽龙小一些。

霸王龙

化石产地 美国、加拿大

生存时代 白垩纪晚期

特征 可以咬碎猎物骨骼的大型肉食恐龙。虽然它的名字叫霸王龙，但并不是最大的肉食恐龙。

棘龙

化石产地 埃及、摩洛哥

生存时代 白垩纪晚期

特征 背部长着长棘的肉食恐龙。有生活在水边，以鱼肉为食的说法。是最大的肉食恐龙。

观光客车（大型）

12米

15米

恐手龙

化石产地 蒙古

生存时代 白垩纪晚期

特征 长着背帆和长手臂的杂食恐龙。2014 年研究表明，恐手龙全长达 11 米，是体型非常庞大的大型恐龙。

11米

比比看 谁更长

肿头龙

化石产地 美国

生存时代 白垩纪晚期

特征 肿头龙就是人们常说的石头恐龙。是本书介绍的所有草食恐龙中体型最小的。

禽龙

化石产地 英国、比利时、德国等

生存时代 白垩纪早期

特征 第二个有自己名字的草食恐龙。根据资料记载，禽龙的长度最长可达 10 米。

8米

8.5米

4.5米

三角龙

化石产地 美国

生存时代 白垩纪晚期

特征 三角龙是草食恐龙，它的主要特征是头上有 3 根角，头部后侧的颈部有一扇巨大的颈盾。其体型与霸王龙不相上下。

恐爪龙

化石产地	美国
生存时代	白垩纪早期

特征 恐爪龙是小型肉食恐龙。电影《侏罗纪公园》中的迅猛龙，就是以恐爪龙为原型复原的。

甲龙

化石产地	美国
生存时代	白垩纪晚期

特征 是甲龙类的代表。背部覆盖着很多甲骨板。虽然长得很长，但是不高。

2.5米

3.3米

奶牛

特征 普通的奶牛。高约1.5米。

出租车

4.7米

7米

6.5米

剑龙

化石产地	美国
生存时代	侏罗纪晚期

特征 是剑龙类的代表。剑龙的身材"纤瘦"，长得又高又长。

恐龙竟然比大象还要重？

比比看

谁更重

三角龙

化石产地 美国

生存时代 白垩纪晚期

特征 角龙类的代表。比霸王龙（6吨）还要重。

9吨

甲龙

化石产地 美国

生存时代 白垩纪晚期

特征 甲龙类的代表。虽然"个子"很矮，但是体重很重，行动较为迟缓，不会忽然转身。

7.5吨

非洲象

特征 一头成年的非洲象的体重，是30头成年狮子体重的总和。

在自然界，动物的强大程度往往与它们的体重大小有着莫大的联系。即使是草食动物，只要它们的体重很重，就很难会被其他动物所袭击。现在的动物们，比如说成年的大象、狮子和老虎等，都很少被其他动物袭击。在这里，我们用草食恐龙的体重，和肉食恐龙以及现今动物界的重量级代表大象的体重进行对比。

阿根廷龙

化石产地 阿根廷

生存时代 白垩纪中期

特征 最大最长，也最重的恐龙。其重量约等于9头非洲象重量的总和。

70吨

马普龙

化石产地 阿根廷

生存时代 白垩纪晚期

特征 全长11.5米。仅次于霸王龙的大型肉食恐龙。体重比霸王龙轻一些，也"苗条"一些。

5吨

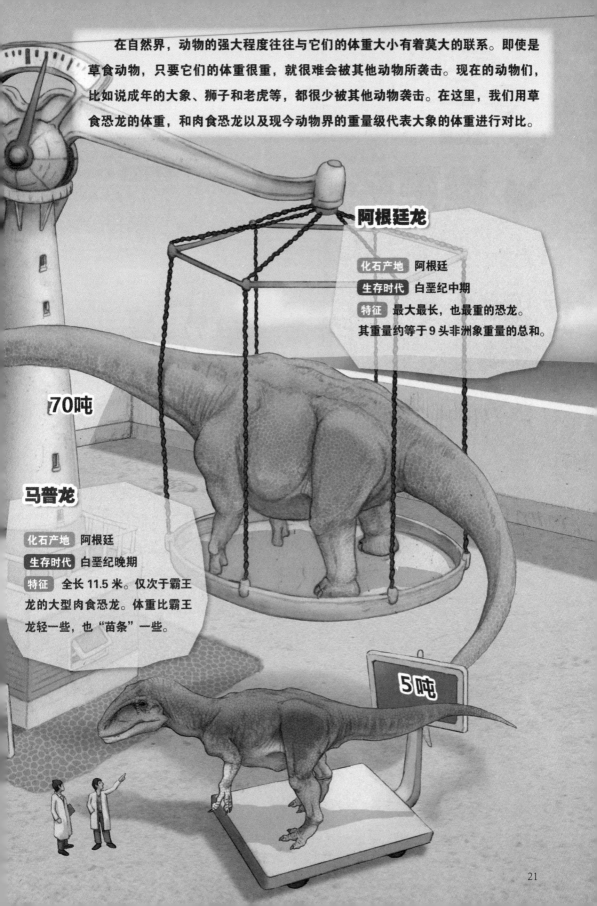

可以在家养一只恐龙吗？

比比看

谁更轻

近鸟龙

化石产地 中国

生存时代 侏罗纪晚期

特征 两脚与两腕处都长有羽翼的小型肉食恐龙，全长约有35厘米。

帝龙

化石产地 中国

生存时代 白垩纪早期

特征 暴龙超科小型肉食恐龙。全长1.6米左右。

15千克

250克

吉娃娃

特征 具有代表性的小型犬种。

1.5千克

恐龙的体型（全长）越小，体重就越轻。体重较轻的恐龙，行动敏捷，可以轻松地攀登到高处。顺便说一下，那些由恐龙进化而来且生存至今的鸟类，也都拥有轻盈的身体。另外，假设你想在家里养一只恐龙，那么体重轻且身材小，应该是你挑选恐龙的重要条件之一吧。

即使被它们踩上一脚，也不会太疼，而且你也不用为它们的伙食费而担忧。

速龙

化石产地 蒙古、中国

生存时代 白垩纪晚期

特征 全长约 2.5 米的小型肉食恐龙。它的第二根脚趾非常锋利，将猎物扑倒之后，可以直接用它的脚趾刺穿猎物的身体。

美颔龙

化石产地 德国、法国

生存时代 侏罗纪晚期

特征 小型肉食恐龙。全长仅约 1.25 米。

2.5千克

果齿龙

化石产地 美国

生存时代 侏罗纪晚期

特征 全长 65 厘米的草食恐龙。美洲最小的恐龙。

25千克

500克

够得到吗?

比比看

谁更高

> 长着长长的脖子、长长的尾巴,用四肢行走的草食类恐龙,被称为蜥脚类恐龙。它们伸起长长的脖子,可以吃到许多其他草食类恐龙够不到的高处的树叶。这些恐龙的脖子,到底可以伸多高呢?比日本的镰仓大佛还要高吗?和长颈鹿相比较的话,谁更高些呢?

12米

巴洛龙

化石产地 美国

生存时代 侏罗纪晚期

特征 巴洛龙的长度与长颈巨龙相似,皆属蜥脚类恐龙。但是巴洛龙不能像长颈巨龙一样,将脖子伸得很高。

18米
（包括台座）

日本镰仓大佛

14米

长颈巨龙

化石产地 坦桑尼亚

生存时代 侏罗纪晚期

特征 前肢比后肢长的蜥脚类恐龙。它的头可以伸到日本镰仓大佛的脸部那么高。

梁龙

化石产地 美国

生存时代 侏罗纪晚期

特征 美洲大陆具有代表性的蜥脚类恐龙之一。梁龙向上伸长脖子时，其高度可达3层楼房那么高！

大型脚手架
14.7米

9.5米

长颈鹿

特征 长长的脖子，是长颈鹿之间决斗时使用的武器。

7米

迷惑龙

化石产地　美国

生存时代　侏罗纪晚期

特征　众所周知的蜥脚类恐龙之一。脖子可以伸得和圆顶龙一样高。

圆顶龙

化石产地　美国

生存时代　侏罗纪晚期

特征　吻部短小的蜥脚类恐龙，向上伸长脖子时，其高度可达2层楼房那么高。

马门溪龙

化石产地　中国

生存时代　侏罗纪晚期

特征　虽然是脖子最长的蜥脚类恐龙，但是马门溪龙的长脖子却没办法伸得很高。

10.5米

8米

8米

谁是嗅觉最灵敏的恐龙？

比比看
谁嗅觉好

始祖鸟

化石产地 德国

生存时代 侏罗纪晚期

特征 全长约50厘米。因精美的羽毛而闻名，对气味不是很敏感。

霸王龙

化石产地 美国、加拿大

生存时代 白垩纪晚期

特征 大型肉食恐龙。因为霸王龙的大脑内有一个非常大的嗅球，所以它们的嗅觉非常灵敏。即使蒙上霸王龙的眼睛，它们也能凭借灵敏的嗅觉探测到猎物的方位。

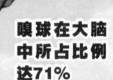

嗅球在大脑中所占比例达71%

牧羊犬

特征 有名的警犬品种之一。对气味非常敏感，常用来搜索犯人。

五感包括视觉、嗅觉、听觉、触觉和味觉。其中，视觉、嗅觉和听觉是动物们探知猎物方位最为重要的三大感觉。尤其是嗅觉，只要狩猎者们迎风而立，即使猎物们隐藏在它们看不到也听不到的地方，在狩猎者们敏锐的嗅觉之下，猎物们也终将变得无处遁形。

通过观察动物的行为并对其细胞进行深入的调查研究，能让人们更加了解动物们五感的机能。但是，由于恐龙已经灭绝了，没办法对它们进行如此研究。目前，有些科学家通过对恐龙的头骨结构进行调查研究，来推断恐龙的嗅觉状况（恐龙头骨软组织的化石是非常少见的）。嗅球是掌管嗅觉的器官，而嗅球的大小（在大脑中所占的比例大小）会直接决定嗅觉的敏锐程度。

嗅球在大脑中所占比例为17.1%

嗅球在大脑中所占比例为27%

说起嗅觉敏锐的动物……

帝龙

化石产地 中国

生存时代 白垩纪早期

特征 暴龙超科肉食恐龙。与霸王龙相比，帝龙的嗅觉敏锐程度要稍弱一些。

比比看

谁谁嗅觉好

南方巨兽龙

化石产地 阿根廷

生存时代 白垩纪晚期

特征 大型肉食恐龙。在本页介绍的所有恐龙中，南方巨兽龙是嗅觉最好的一个。不过即便如此，也无法撼动霸王龙"嗅觉之王"的宝座。

嗅球在大脑中所占比例为57%

嗅球在大脑中所占比例为31.5%

似鸟龙

化石产地 美国、加拿大

生存时代 白垩纪晚期

特征 形态上与鸵鸟接近，奔跑速度极快的草食恐龙。嗅觉似乎不太敏锐。

短吻鳄

特征 科学家们用同样方法计算出鳄鱼的嗅球在其大脑中所占比例，数值非常接近南方巨兽龙。

角鼻龙

化石产地 美国

生存时代 侏罗纪晚期

特征 全长约 7 米的肉食恐龙，鼻子上有一块扁平的突起。与其他身形较小的恐龙相比，角鼻龙的嗅觉更为敏锐一些。

嗅球在大脑中所占比例为48.1%

嗅球在大脑中所占比例为55%

嗅球在大脑中所占比例为35.7%

伶盗龙

化石产地 蒙古、中国

生存时代 白垩纪晚期

特征 小型肉食恐龙。嗅觉一般。

哪种恐龙更聪明？

比比看

谁更聪明

以伤齿龙为代表的兽脚类和驰龙类

特征 兽脚类和驰龙类皆属小型肉食恐龙。肉食恐龙的智商都很高。特别是伤齿龙的近亲驰龙类，是所有恐龙中智商最高的一个恐龙科属。

智商值
0.7～0.9

以三角龙为代表的角龙类

特征 以三角龙为代表的角龙类，它们的智商值要比鳄鱼稍微低一点儿。

智商值 0.6

以剑龙为代表的剑龙类

特征 以剑龙为代表的剑龙类，其智商值只有伤齿龙智商值的十分之一。

鳄鱼

特征 本页中所提及的智商值，是假定鳄鱼的智商值为 1 的基础上对恐龙的智商值进行评估的。

智商值 1.0

以迷惑龙为代表的龙脚类

特征 以迷惑龙为代表的龙脚类，是恐龙各科中智商值最低的。

智商值 0.2

智商值 0.4

以甲龙为代表的甲龙类

特征 以甲龙为代表的甲龙类，其智商值只有鳄鱼智商值的一半。

智商值 5.8

在一般情况下，我们认为生物的头越大，它们的智商就会越高。但是仔细思考一下，有着庞大身躯的动物们，大多都拥有巨大无比的大头。所以，我们判断生物智商主要是通过生物的大脑在其整体体重中所占比例。在这本书里，我们可以通过智商值来对比一下各种恐龙代表的聪明程度。

头部有"装饰"的恐龙们

比比看
头部武器谁厉害

冰脊龙

| 化石产地 | 南极大陆 |
| 生存时代 | 侏罗纪早期 |

特征 全长约 6 米的肉食恐龙。头上横向生长着一块扇形的骨头。

横向的冠饰

两扇冠饰

小小的角

双脊龙

| 化石产地 | 美国 |
| 生存时代 | 侏罗纪早期 |

特征 全长约 7 米的肉食恐龙。头部生长着两块扇形骨头。

不少草食恐龙头上都会长着像装饰品一样的角或者扇形的冠饰。小部分肉食恐龙也会长角和冠饰。它们通过头上的这些武器保护自己，和同伴一争高下，甚至可以在求偶时，用头上的角来彰显自己的魅力。

玛君龙

| 化石产地 | 马达加斯加 |
| 生存时代 | 白垩纪晚期 |

特征 全长约 6 米的肉食恐龙。头部长着一个小小的角。

驼鹿

幅度很宽的角

特征 头上左右各长着一个手掌形状的角。

斧子一样的冠饰

扇冠大天鹅龙

化石产地 俄罗斯

生存时代 白垩纪晚期

特征 全长约 8 米，与近亲副栉龙同属鸟脚类。头上有斧子形状的冠饰。

能发出声音的冠饰

前后双冠

赖氏龙

化石产地 加拿大

生存时代 白垩纪晚期

特征 全长约 7 米，副栉龙的近亲，同属鸟脚类。前额与后脑皆有冠饰，前额的冠饰较大，后脑的冠饰较小。

副栉龙

化石产地 加拿大、美国

生存时代 白垩纪晚期

特征 全长约 7.5 米的草食恐龙，鸟脚类。头上长着长长的冠饰，由于空气可以从冠饰中间通过，副栉龙的冠饰会发出声音。

头部武器谁厉害

肿头龙

化石产地 美国

生存时代 白垩纪晚期

特征 全长约 4.5 米的草食恐龙。肿头龙类的代表性恐龙。头部有一个像巨蛋的、高高的隆起。

冥河龙

化石产地 美国

生存时代 白垩纪晚期

特征 全长约 3 米，有资料指出，冥河龙是肿头龙的亚成年体※。头部有瘤状物和许多大大小小的棘状物。

巨蛋一样的隆起

瘤状物和棘状物

许许多多的棘状物

鼻尖上坚挺向前的角

扭曲的角

印度羚

特征 印度羚的角最长可达 70 厘米，在生长的过程中会逐渐扭曲。

龙王龙

化石产地 美洲大陆

生存时代 白垩纪晚期

特征 全长约 2.5 米的肿头龙类，有资料指出，龙王龙就是幼年的肿头龙。头上布满了大大小小向上生长的棘状物。

鹿豚

特征 上颚处长着尖锐的牙齿，可以轻易穿透其他动物的皮肤。

※亚成年体指介于成体个体和未成年个体之间的形态。

厚鼻龙

化石产地　美国、加拿大

生存时代　白垩纪晚期

特征　全长约 8 米的草食恐龙，角龙类的一种。鼻尖处长着一个巨大的肿包。

野牛龙

化石产地　美国

生存时代　白垩纪晚期

特征　全长约 6 米的草食恐龙，角龙类的一种。鼻尖上长着大大的、弯曲向前的角。

科斯莫角龙

化石产地　美国

生存时代　白垩纪晚期

特征　全长约 5 米的草食恐龙，角龙类的一种。后脑的壳皱处有 10 根并排的角状伸出物。

巨大的肿包

尖角排列的壳皱

突出的牙齿

比比看

背部武器谁更强

剑龙

化石产地 美国

生存时代 侏罗纪晚期

特征 全长约 6.5 米，剑龙类代表。后背上的一排骨板被认为是用来调节体温的。

双峰骆驼

特征 背部有两个驼峰，储存着脂肪。

高高立起的骨板

昆卡猎龙

化石产地 西班牙

生存时代 白垩纪早期

特征 全长约 6 米的肉食恐龙。是兽脚类恐龙中较为珍稀的肉食恐龙，腰部有突起。

腰部突起

两个驼峰

加斯顿龙

化石产地 美国

生存时代 白垩纪早期

特征 全长约 5 米的甲龙类。从后背到尾巴都布满了突起的骨板。

骨头做成的铠甲

巴西三带犰狳

特征 身体像球一样圆滚滚的，被骨头做成的铠甲好好地保护着。

带刺的铠甲

耸立的骨板、排列在背上的骨片、从肩部开始延伸的粗大的刺等，很多草食恐龙的背部都带有"武器"。这些武器是它们保护自己的盔甲，也可以用来吓唬肉食恐龙，同时有助于调节体温、寻找同伴、吸引异性等。

排列在颈部的刺

阿马加龙

化石产地 阿根廷

生存时代 白垩纪早期

特征 大型草食性蜥脚类恐龙，全长约13米。颈部有两排长刺。

钉状龙

化石产地 坦桑尼亚

生存时代 侏罗纪晚期

特征 全长4米左右，是剑龙的一种。从颈部到尾部分布着甲刺。

排列着甲刺

肩部两侧长着粗大的刺

埃德蒙顿甲龙

化石产地 美国、加拿大

生存时代 白垩纪晚期

特征 有独特嘴巴的甲龙亚目。肩部两侧有粗大的刺。

短吻针鼹

特征 全身覆盖着细密的刺。

黄泥动胸龟

特征 腹甲的前半部可以活动，能将壳口几乎完全封闭。

很多的针状刺

可以容纳头和四肢的甲壳

 比比看

各种各样的尾巴

蜀龙

化石产地 中国

生存时代 侏罗纪晚期

特征 全长约 9.5 米，属于蜥脚类恐龙的一种。尾巴末端有带刺的尾棒。

尾棒

刺

棘刺龙

化石产地 尼日尔

生存时代 侏罗纪中期

特征 全长约 13 米，属于蜥脚类恐龙的一种。长尾末端有两排小刺。

多疣壁虎

特征 一旦被敌人袭击，便会自己切断尾巴逃跑。

断尾逃跑

我们人类没有尾巴。对于有尾巴的动物来说，尾巴具有不同的作用，恐龙也不例外。特别是草食恐龙，根据种类不同，尾巴末端的"武器"也各有特点，这也是恐龙的特点。在这里列举一些长着奇怪尾巴的恐龙，和现在的动物比比看吧！

剑龙

化石产地 美国

生存时代 侏罗纪晚期

特征 全长约 6.5 米，属于剑龙的一种。尾巴末端有 4 根粗长的尖刺。人们曾发现了一个被这种尾巴缠住的异特龙化石。

粗长的尖刺

保持平衡

红袋鼠

特征 奔跑时尾巴用来保持平衡，后腿向后蹬时尾巴用来支撑身体。

比比看

各种各样的尾巴

甲龙

| 化石产地 | 美国 |

生存时代 白垩纪晚期

特征 全长约 7 米。甲龙亚目的代表。尾巴末端有像锤子一样的疙瘩。

赛查龙

化石产地 蒙古

生存时代 白垩纪晚期

特征 全长约 6 米。属于甲龙亚目的一种。尾巴上排列着尖骨板，尾巴末端有小疙瘩。

疙瘩

抓东西

黑帽悬猴

特征 站立时两只脚支撑身体，可以用尾尖抓东西。

梁龙

化石产地 美国

生存时代 侏罗纪晚期

特征 全长约 25 米，虽然尾巴上面没有东西，但"长长的尾巴"本身就是像鞭子一样的武器。

像鞭子一样

尖骨板和疙瘩

表达心情

狗

特征 狗会摇尾巴，也会把尾巴夹在后腿之间，这是它们在表达开心或者恐惧的心情。

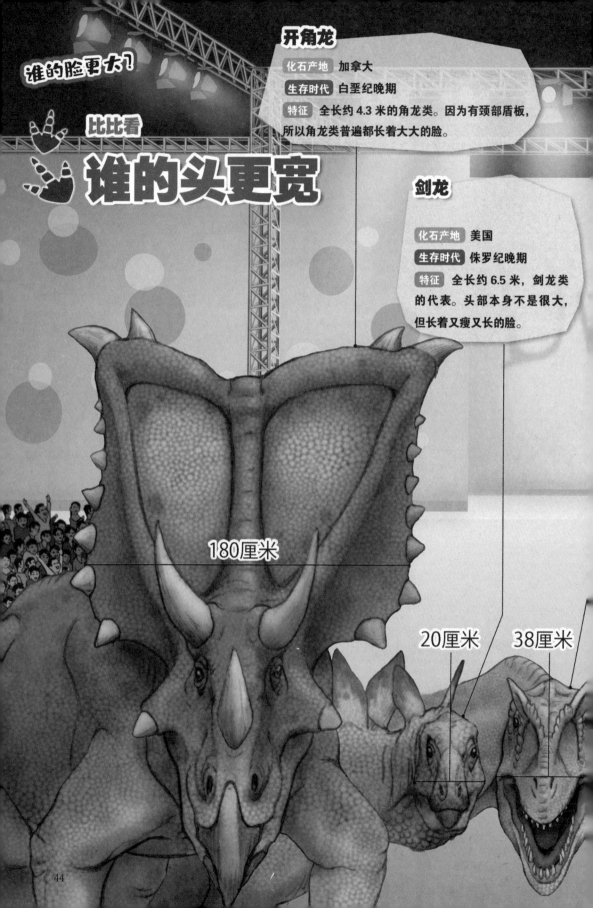

谁的脸更大?

比比看

谁的头更宽

开角龙

化石产地 加拿大

生存时代 白垩纪晚期

特征 全长约 4.3 米的角龙类。因为有颈部盾板，所以角龙类普遍都长着大大的脸。

剑龙

化石产地 美国

生存时代 侏罗纪晚期

特征 全长约 6.5 米，剑龙类的代表。头部本身不是很大，但长着又瘦又长的脸。

180厘米

20厘米   38厘米

有颈部盾板的角龙类，从正面看脸最大。

这里提到的开角龙，正是角龙类的一种。

每种恐龙的脸部大小都不一样，与肉食性还是草食性没有关系。

异特龙

化石产地 美国

生存时代 侏罗纪晚期

特征 全长约8.5米，身材苗条的肉食恐龙。嘴巴上长着像刀一样的牙齿。脸又瘦又细。

虔州龙

化石产地 中国

生存时代 白垩纪晚期

特征 全长可达到12米的大型肉食恐龙。虽然是霸王龙的朋友，但因为脸很瘦，所以有"雷克斯匹诺曹"的戏称。

霸王龙

化石产地 美洲大陆

生存时代 白垩纪晚期

特征 全长约12米的肉食恐龙。头的宽度在60厘米以上。

特暴龙

化石产地 蒙古、中国

生存时代 白垩纪晚期

特征 全长约9.5米的肉食恐龙，和霸王龙很相似，但是脸和身体都比霸王龙苗条。

拉布拉多猎犬

特征 有代表性的大型犬类，常被用作导盲犬。

60厘米

40厘米

20厘米

13厘米

一击毙命！

比比看

谁的嘴厉害

下巴的"咬合力"是推测肉食恐龙"强大程度"的依据之一。咬合力大的恐龙在捕捉猎物时，能够迅速杀死猎物。虽然恐龙已经灭绝了，但我们通过电脑技术可以再现它的头部和肌肉，可以推测出它到底具备多大的咬合力。在这里，我们用"N"来表示这种力的单位。

异特龙

化石产地 美国

生存时代 侏罗纪晚期

特征 全长约 8.5 米，身材苗条的肉食恐龙。它会把猎物的肉切开吃。

美国短吻鳄

特征 全长达 6 米的鳄鱼。从贝类到小型哺乳动物，都是它们的猎物。

5500N

3800N

南方巨兽龙

化石产地 阿根廷

生存时代 白垩纪晚期

特征 全长约 14 米的肉食恐龙。尽管它的身体比霸王龙大，但是咬合力还不及霸王龙的一半。

霸王龙

化石产地 美国

生存时代 白垩纪晚期

特征 全长约 12 米的肉食恐龙。宽下巴所产生的强大咬合力远远超过其他种类的恐龙。

14000N

35000N

人类

特征 人类不仅会用嘴咬食物，还会使用刀具来切肉，把骨头弄碎。

1000N

各种各样的牙齿形状。

比比看

牙齿的功能

棘龙的牙齿

棘龙

化石产地 埃及、摩洛哥

生存时代 白垩纪晚期

特征 肉食恐龙的一种，长着圆锥形的牙齿，一般认为是用来捕鱼的。

埃德蒙顿龙的牙齿

埃德蒙顿龙

化石产地 加拿大、美国

生存时代 白垩纪晚期

特征 副栉龙的伙伴。有很多能把植物磨碎的牙齿，牙齿磨掉后会不断长出新的来。

用来扎刺的牙齿

用来研磨的牙齿

猫

特征 猫的牙齿可以轻易将肉切割开。

用来切割的牙

牙齿，是了解动物吃什么东西、怎样吃的重要依据。特别是像恐龙这种已经灭绝的动物，因为不能直接观察它们进食的场面，所以从牙齿形状推理出来的东西更多。前面介绍过肉食恐龙的牙齿，尽管厚度不同，但大多是刀的形状。那么，恐龙的牙齿还有其他形状的吗？

各种各样的牙齿

用来剥落物品的牙齿

圆顶龙的牙齿

圆顶龙

化石产地 美国

生存时代 侏罗纪晚期

特征 蜥脚类恐龙的一种。长着像勺子一样的牙齿，用来剥落树叶。有些蜥脚类恐龙长着铅笔形状的牙齿，用途跟圆顶龙是一样的。

人类

特征 不仅是人类，大多数哺乳动物都有切齿（门牙）、犬齿、臼齿等不同功能的牙齿。

比比看

前肢的长度

手臂伸开大概有多长？

镰刀龙

化石产地 蒙古

生存时代 白垩纪晚期

特征 庞大的草食性兽脚类恐龙。长长的手臂末端，长着长度超过 70 厘米的爪子。

异特龙

化石产地 美国

生存时代 侏罗纪晚期

特征 肉食性兽脚类恐龙。长长的手臂末端，长着 20 厘米长且很大的钩爪。

恐手龙

化石产地 蒙古

生存时代 白垩纪晚期

特征 杂食性兽脚类恐龙。说起这种恐龙，在很长一段时间内，我们只见过它们手臂和肩膀的化石。

泥潭龙

化石产地 中国

生存时代 侏罗纪晚期

特征 草食性小型兽脚类恐龙。它的身长不足 2 米，手臂比其他恐龙短。它的特征是大拇指非常短。

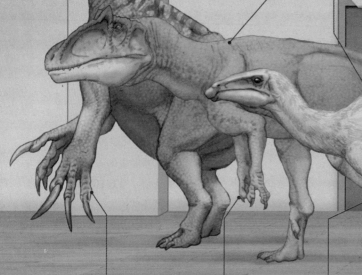

3.5米　　　1.1米　　　2.4米

所有的肉食恐龙都属于兽脚类恐龙※，但并非所有的兽脚类恐龙都是肉食恐龙。几乎所有的兽脚类恐龙都是双足行走的。这些恐龙的前肢，也就是手臂和手，根据种类的不同差异很大。有的种类有长手臂和长爪子，也有不知道用来做什么的很小的手臂。让我们比较一下兽脚类恐龙的手臂有什么不同吧！

食肉牛龙

化石产地 阿根廷

生存时代 白垩纪晚期

特征 肉食性兽脚类恐龙。虽然全长达 7.5 米，但手臂的长度和全长不足 2 米的泥潭龙差不多。

霸王龙

化石产地 美国

生存时代 白垩纪晚期

特征 虽然是全长约 12 米的肉食恐龙，但手臂细短是它的特征。只有 2 根手指。

人类

特征 有些人的手臂，比霸王龙的手臂还要长。

60厘米

40厘米

70厘米

36厘米

※ 兽脚类恐龙是恐龙分类的一个亚目。包含所有的肉食恐龙、一部分杂食恐龙和草食恐龙。原则上说，双足行走的恐龙较多。鸟类属于这个亚目。

从O颗到IOO颗以上。

谁的牙齿多

似鸡龙

化石产地 蒙古

生存时代 白垩纪晚期

特征 全长6米左右。外形和现在的鸵鸟类似。没有牙齿，靠啄食植物为生。

剑龙

化石产地 美国

生存时代 侏罗纪晚期

特征 具有代表性的剑龙类恐龙。头部的尺寸不大，有很多小牙齿。一般认为它们以采集低矮植物为生。

重爪龙

化石产地 英国、尼日尔

生存时代 白垩纪早期

特征 全长7.5米左右的肉食恐龙。一般认为它们以鱼为主食。牙齿呈圆锥形，和人类牙齿数量相同。

0颗

32颗

90颗

腔骨龙

化石产地 美国

生存时代 三叠纪晚期

特征 全长3米左右的小型肉食恐龙。主要吃昆虫及小型爬行动物。有很多小而锋利的牙齿。

牙齿对动物们的生存非常重要。如果没有牙齿，就不能咬东西，也不能嚼碎食物。成年人最多有 32 颗牙齿。

恐龙就不一样了，有的种类没有牙齿，有的种类有 100 颗以上的牙齿。在这里我们主要关注"牙齿的数量"，比一比哪种恐龙的多。

鸭嘴龙

化石产地 美国

生存时代 白垩纪晚期

特征 全长约 7 米的草食恐龙。有非常多的牙齿，但不会全部使用。大多数牙齿都是预备牙齿，在正在使用的牙齿下面备用。

非洲象

特征 共有 4 颗大臼齿，上下左右各有 1 颗，还有 2 颗长象牙。

100颗以上

6颗

96颗

人类

特征 人类有切齿、犬齿、臼齿等不同功能的牙齿，成年人最多有 32 颗牙齿。

巴西拟鳄龟

特征 以鱼和青蛙等为食物的龟。没有牙齿。

32颗

0颗

你能从恐龙身边逃跑吗？

比比看

谁跑得快

梁龙

化石产地 美国

生存时代 侏罗纪晚期

特征 全长约25米、重12吨的大型草食恐龙。成年之后体重过重，不能奔跑。

盔龙

化石产地 加拿大

生存时代 白垩纪晚期

特征 全长约8米。有鸡冠的草食恐龙。平时用后肢行走，但跑起来时四肢着地。速度会更快。

20km/h

20km/h

霸王龙

化石产地 美国

生存时代 白垩纪晚期

特征 最凶猛的肉食恐龙，但奔跑不是它的强项。

　　如果和恐龙赛跑的话，你能赢吗？友谊赛没关系，如果对手是饿肚子的肉食恐龙，"能不能逃跑"就变成了关乎性命的问题。让我们来试着比比吧！

20km/h

高速火车
300km/h

三角龙
| 化石产地 | 美国 |
| 生存时代 | 白垩纪晚期 |

特征 虽然重达9吨，但在草食恐龙里，算跑得快的。

12km/h

26km/h

58km/h

恐爪龙
| 化石产地 | 美国 |
| 生存时代 | 白垩纪早期 |

特征 动作敏捷，是小型肉食恐龙的特点。能够迅速追捕猎物。

似鸡龙
| 化石产地 | 蒙古 |
| 生存时代 | 白垩纪晚期 |

特征 以快速而知名的似鸟龙科的一种。在似鸟龙科的恐龙中，似鸡龙奔跑得尤其快。

39km/h

45km/h

70km/h

红袋鼠
特征 一边跳，一边快速移动。

灰狼
特征 能够用最快的速度奔跑20分钟。

人类
特征 经过训练的人，可以从霸王龙身边逃跑吗？

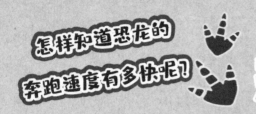

怎样知道恐龙的奔跑速度有多快呢? 恐龙的奔跑速度

恐龙的奔跑速度大概有多快呢? 实际上, 要想弄清楚这个问题并不容易。特别是已经灭绝的动物, 不能直接观察。所以, 怎样做才能知道恐龙的奔跑速度呢?

这个线索就藏在恐龙足迹化石里。从足迹的大小和足迹的间隔, 我们可以知道这个恐龙的脚大概有多长, 曾经以多快的速度移动过。还可以用电脑复原恐龙活着时的脚部肌肉, 再与现在的动物进行比较, 从而计算出它们奔跑的速度。

一般认为, 脚越长、体重越轻的动物奔跑速度越快。在恐龙的世界里, 所有肉食恐龙所属的兽脚类恐龙大多跑得很快。

小型兽脚类恐龙足迹化石
（美颌龙、恐爪龙等）

大型兽脚类恐龙足迹化石
（霸王龙、异特龙等）

甲龙足迹化石

照片提供：日本富山市科学博物馆

美颌龙

异特龙

甲龙

冲刺更重要!

比比看

谁是冲刺高手

人类

10m/s

特征 短距离奔跑速度不快,不太可能从霸王龙身边逃走。

要想从肉食恐龙身边逃走,光凭跑得快是不行的。如果跑得快,发现肉食恐龙的身影便立刻开始逃,也许可以在被追到之前逃到安全的地方。但是,如果肉食恐龙潜伏在隐蔽的地方,没有及时察觉到它们在接近,就……因为大多数捕食者都能在瞬间快速奔跑。

17m/s

猎豹

特征 能够在数十秒内,以非常快的速度奔跑。

霸王龙

化石产地 美国
生存时代 白垩纪晚期
特征 袭击过埃德蒙顿龙,所以霸王龙在短时间内可能跑得很快。

17m/s以上

埃德蒙顿龙

化石产地 加拿大、美国
生存时代 白垩纪晚期
特征 是白垩纪晚期在美洲大陆很常见的草食恐龙,是霸王龙的主要猎物之一。擅长长距离奔跑。

31m/s

57

群体活动的恐龙们。

 比比看

谁的家族大

艾伯塔龙

化石产地 加拿大

生存时代 白垩纪晚期

特征 成年后全长约8米的兽脚类恐龙。是肉食恐龙，是霸王龙的近亲。有一种说法是，艾伯塔龙从幼年到成年，按照不同年龄段组成群体。

9头左右

原角龙（幼体）

化石产地 蒙古

生存时代 白垩纪晚期

特征 发育后全长可达2.5米左右的角龙类恐龙。至少在幼体阶段是群居生活的。

15头左右

自然界中，有很多动物群居生活。对于猎食者（肉食动物）来说，群体活动可以更高效率地追捕到猎物。对于被猎食者（草食动物）来说，群体活动能更好地防御，即便被袭击，也只会牺牲群体中的极少数个体，整体的生存可能性变高。

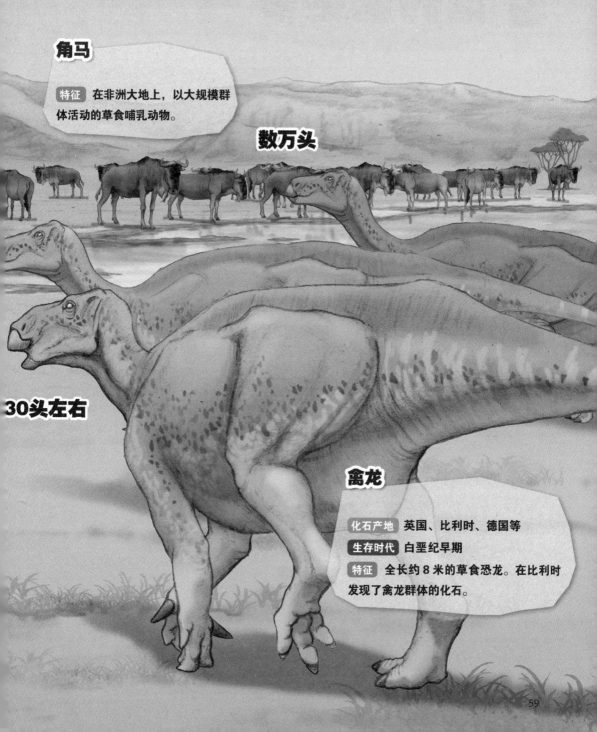

角马

特征 在非洲大地上，以大规模群体活动的草食哺乳动物。

数万头

30头左右

禽龙

化石产地 英国、比利时、德国等

生存时代 白垩纪早期

特征 全长约8米的草食恐龙。在比利时发现了禽龙群体的化石。

恐龙每次产几个蛋呢？

比比看

谁的蛋更多

慈母龙

化石产地 北美洲

生存时代 白垩纪晚期

特征 全长约 7 米的草食恐龙，和禽龙属于一类（鸟脚类）。因为它们擅长照顾孩子而被大家所熟知。

和大多数爬行动物一样，恐龙也产蛋。不同的动物一次产蛋的数量不同。例如，海龟每次最多能产下 180 多个蛋，而帝企鹅基本上每次只产一个蛋。那么，恐龙每次能产下多少个蛋呢？

15个

伤齿龙

化石产地 北美洲

生存时代 白垩纪晚期

特征 全长约 2.5 米的小型兽脚类恐龙。被认为是"最聪明的恐龙"，并被大家所熟知。伤齿龙可能会孵蛋。

24个

186个

海龟

特征 海龟在海边沙滩上挖坑产蛋，但它并不会照顾蛋和孩子。

30个

窃蛋龙

化石产地 蒙古

生存时代 白垩纪晚期

特征 全长 1.6 米左右的小型兽脚类恐龙。小小的鸡冠和没有牙齿的嘴巴是它的特征。一般认为它会孵蛋。

比比看
恐龙宝宝

现在陆地上最大的动物是非洲象，刚出生的象宝宝身长就超过 1 米了。有些恐龙，成年后比非洲象还要大。在草食恐龙中，有的能生长到 30 米以上。那么，这些大恐龙出生的时候有多大呢？

50 厘米左右

1 米多

非洲草原象

特征 哺乳动物，在母亲的肚子里长到一定大小后出生。

人类

特征 人类婴儿的平均大小是 50 厘米，3 年左右长到一倍左右。

35 厘米

15 厘米

掠食龙

化石产地 马达加斯加

生存时代 白垩纪晚期

特征 成年后能长到 15 米长的兽脚类恐龙。最近的研究发现了出生39~77天的婴儿期恐龙化石，由此人们推测掠食龙婴儿的大小在 35 厘米左右。

巨椎龙

化石产地 南非、莱索托、津巴布韦

生存时代 侏罗纪早期

特征 成年后全长可达 4 米以上的草食恐龙。刚出生时，比足球还小。

比比看
白天还是晚上

擅长在夜里活动的恐龙们。

长尾林鸮

特征 拥有在黑暗中可以看得很远的大眼睛和听力敏锐的耳朵。

夜行性

恐龙属于爬行动物，是变温脊椎动物，大多在凉爽的夜晚安静入睡，哺乳动物则多在这样的夜晚出来活动。但近年来的研究发现，并不是所有的恐龙都在夜里睡觉。所以，在恐龙时代，对于哺乳动物来说，夜晚并不是完全安全的。

伶盗龙

化石产地 蒙古、中国
生存时代 白垩纪晚期
特征 全长约2.5米的小型肉食恐龙。擅长在黑暗的夜晚活动。

侏罗猎龙

化石产地 德国
生存时代 侏罗纪晚期
特征 从已知的化石推测出全长约为75厘米，这个尺寸被认为是幼体侏罗猎龙的大小。成体大小不明。黑夜中也能清晰地看清楚周围的状况。

夜行性

夜行性

大山蝠

特征 靠鼻子发出的超声波探索周围状况，黑夜中也能在空中飞来飞去。

夜行性

纳摩盖吐龙

化石产地 蒙古

生存时代 白垩纪晚期

特征 蜥脚类恐龙，全长 13 米以上。喜欢在黎明和傍晚活动。

喜欢微光

西表山猫

特征 隐身在黑暗中悄悄地靠近猎物，擅长夜间狩猎。

夜行性

恐龙是什么颜色的？

比比看

谁的颜色靓

中华龙鸟

化石产地 中国

生存时代 白垩纪早期

特征 全长 1.3 米，是被发现的首个长有羽毛的恐龙。尾巴上长着条纹状的橘黄色羽毛。

蓝孔雀

特征 求爱时会展开漂亮的尾羽，羽片上有绚丽的眼状斑。

条纹状的羽毛

眼状斑

红色鸡冠

豹变色龙

特征 会受到温度、情绪和光的影响而改变颜色。

改变颜色

近鸟龙

化石产地 中国

生存时代 侏罗纪晚期

特征 全长 40 厘米，身上有羽毛。有红色的鸡冠，脸颊上有红色的斑点，还有带白色边框的黑色羽毛。

现在的动物有着各种各样的颜色。黑白条纹的斑马，全身黑色斑点的狗狗，眼睛和耳朵是黑色的熊猫……那么，已经灭绝的恐龙是什么颜色的呢？

恐龙的颜色

本书介绍了多种颜色的恐龙。但是，从科学角度来看这些恐龙的颜色是真实的吗？答案是"不一定"。我们并不知道大多数恐龙真正的颜色。

但在近些年的研究中，我们看到了这种可能性。在一部分恐龙的羽毛上，残留着产生色素的构造。颜色（色素）本身，没有留在化石上，但通过调查这种构造，与现在生存的鸟类等进行比较，就可以知道这个构造能够产生的颜色了。科学家们可以根据已知的几个种类，推测大多数恐龙的颜色。

很多恐龙的颜色
至今仍然是谜……

异特龙的颜色变化

始祖鸟

化石产地 德国

生存时代 侏罗纪晚期

特征 全长约 50 厘米。翅膀外侧的羽毛是黑色的，内侧的羽毛是浅色的。

黑白色

平原斑马

特征 每只斑马的条纹都不一样。

恐龙是什么时候有名字的？

比比看

命名时间

禽龙

化石产地 英国、比利时、德国等

生存时代 白垩纪早期

特征 全长约 8 米的草食恐龙。最初复原时，人们错误地把动物大拇指的骨头放在了它的头上。第二个被命名的恐龙，这个阶段还没有"恐龙"这个词语。

Megal

1824年

Iguana

1825年

斑龙

化石产地 英国

生存时代 侏罗纪中期

特征 全长约 6 米的中型肉食恐龙。最先被命名的恐龙，被还原成了像四足行走的怪兽一样。

无论是现存的生物品种，还是已经灭绝的生物品种，所有的生物品种都有种名（学名）。18 世纪瑞典研究者卡尔·林奈提出"给生物品种起世界通用的学名"。后来，在 19 世纪初的英国，"恐龙的化石"第一次有了学名。实际上，那个时候没有"恐龙"这个词语，大家认为恐龙是"奇怪的爬行类"。

林龙

化石产地 英国

生存时代 白垩纪早期

特征 全长约 5 米的甲龙类。这个时期，人们给斑龙、禽龙、林龙 3 个品种起了一个统称的品种名。

Hyla……

1833年

Tyran……

1905年

霸王龙

化石产地 美国、加拿大

生存时代 白垩纪晚期

特征 全长约 12 米。恐龙世界的大明星，大型肉食恐龙是在 20 世纪才第一次有了名字。

Homo

1758年

MONO

智人

特征 人类是最早拥有学名的生物。

名字的字母数量

不仅是恐龙，生物都有种名，也叫学名。种名由属名和种加词两部分构成。一般使用拉丁字母、斜体或加底线表示。比如，有名的肉食恐龙霸王龙，它的学名是双名法学名"*Tyrannosaurus rex*"，用16个拉丁字母2个单词表示。在这里，让我们看看几个恐龙的种名有几个字母吧。

11个字母
Homo sapiens

智人

特征 "*Homo*" 是 "人"，"*sapiens*" 是 "智慧" 的意思。

14个字母
Nipponia nippon

朱鹮

特征 属名和种加词都来自于日文的音译。

7个字母
Mei long

17个字母
Minmi paravertebra

4个字母
Yi qi

敏迷龙

化石产地 澳大利亚
生存时代 白垩纪早期
特征 甲龙类。这种恐龙是在一个叫"*minmi*"的交叉路口附近发现的。

奇翼龙

化石产地 中国
生存时代 侏罗纪中期或晚期
特征 翅膀由皮构成的恐龙，"*yi*"是"翼"，"*qi*"是"奇"，来自中文音译。是种名最短的恐龙。

寐龙

化石产地 中国
生存时代 白垩纪早期
特征 发现了宛如小鸟睡觉一样的化石。名字的"*mei*"是"熟睡"，"*long*"是"龙"的意思，来自中文音译。

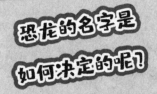 恐龙的名字是如何决定的呢?

恐龙的名字

　　如第 68 页介绍所说,种名(学名)是有意义的。这些名字是由写论文的研究者决定的。

　　发现化石后,首先要查询至今为止的相关论文,寻找有没有和这个化石一样的东西。如果没有同样的东西,说明可能出现了新品种。然后发现者会和这个领域的研究者取得联系、进行商谈,访问大学和博物馆,与至今为止发现的化石进行比较。

　　如果调查结果确信为新品种,就要写新的论文。论文要详细记录这个化石的特征,阐释将这个化石作为新品种的理由并在这个论文中命名种名(学名)。种名的确定有3个指导原则:表达这个生物的特征,语感好,不加记录者自己的名字。

　　这样写出来的论文,经过专家的审查后发表。在这个阶段正式命名种名。但是,随着研究的深入,如果得知实际上和之前的品种一样,新的种名(后来起的名字)将被取消。

◀经常使用在恐龙学名中的词根和意义▶

词根	意义	恐龙的名字举例
arcaheo	太古	*Archaeopteryx*
odon	牙齿	*Iguanodon*
eo	拂晓	*Eoraptor*
lopho	鸡冠	*Saurolophus*
neo	新的	*Neovenator*
para	相似的	*Parasaurolophus*
rex	王	*Tyrannosaurus rex*
saurus	爬行类、蜥蜴	*Allosaurus*
sino	中国	*Sinosauropteryx*
tri	第三个	*Triceratops*

霸王龙

始盗龙

第2章 🏆 恐龙世界杯

欧洲预选赛决赛（→p.82）

VS

重爪龙

蛮龙

亚洲预选赛决赛（→p.72）

特暴龙

VS

永川龙

非洲预选赛决赛（→p.74）

VS

棘龙

鲨齿龙

外传（→p.86）

霸王龙

VS

非洲象

如果让世界各地、各个时代的恐龙进行一对一对决，哪种恐龙更强大呢？在这里，我们展现这种"假想"的情况。按照化石发现地进行预选赛，在预选赛中获胜的恐龙进行争夺世界之王的决赛。最强的恐龙究竟是谁呢？

北美洲预选赛决赛（→p.80）

霸王龙　VS　异特龙

世界总决赛（→p.84）

霸王龙　VS　南方巨兽龙

南美洲预选赛决赛（→p.78）

南方巨兽龙　VS　马普龙

大洋洲、南极大陆预选赛决赛（→p.76）

南方猎龙　VS　冰脊龙

恐龙世界杯
亚洲预选赛决赛

特暴龙
VS
永川龙

强有力的下巴

细窄的下巴上排列着粗大的牙齿。

特暴龙

化石产地 蒙古、中国

生存时代 白垩纪晚期

特征 全长约9.5米，是与北美洲的霸王龙很相似的肉食恐龙。宽大的下巴，可以将猎物连同骨头一起咬碎。

决出亚洲最强的比赛开始了。从预选赛中胜出的是来自蒙古的白垩纪代表特暴龙和来自中国的侏罗纪代表永川龙。身体轻便的永川龙首先发起挑战。永川龙绕到特暴龙的侧面，突袭其腹部。但是，特暴龙轻松躲开后用力咬住了永川龙的腰部，直接咬碎。特暴龙获胜！

永川龙

化石产地 中国

生存时代 侏罗纪晚期

特征 比特暴龙还长的肉食恐龙。但体型细瘦，比特暴龙轻1吨左右。

切开猎物

宽大的下巴上排列着刀子一样的牙齿。

恐龙世界杯
非洲预选赛决赛

鲨齿龙
棘龙 **VS**

鲨齿龙

化石产地	埃及、蒙古
生存时代	白垩纪晚期

特征 全长约 12 米。与霸王龙级别相同的大型肉食恐龙。拥有与大白鲨类似的锋利牙齿。

决出非洲最强的比赛开始了，在来自埃及的恐龙之间展开。参赛的双方是拥有 12 米巨大身体的鲨齿龙和比鲨齿龙更大的棘龙（长 15 米）。比赛开始后不久，棘龙尝试往自己擅长的水中战场移动。但是，鲨齿龙用自己的身体冲撞棘龙背部巨大的帆状物，将棘龙推到。鲨齿龙获胜！

切开猎物的牙齿

排列着像刀子一样锋利的牙齿。

刺穿猎物的牙齿

圆锥形的牙齿，适合刺扎。

棘龙

化石产地 埃及、摩洛哥

生存时代 白垩纪晚期

特征 最大的肉食恐龙，比起在陆地上行走，棘龙更擅长在水中游泳。

大洋洲、
南极大陆预选赛决赛

南方猎龙 VS 冰脊龙

南方猎龙

化石产地 澳大利亚

生存时代 白垩纪早期

特征 全长约6米。是生活在澳大利亚的异特龙的近亲。体重500千克左右，身体细长的肉食恐龙。

切开猎物的牙齿

像刀子一样锋利。

在大洋洲地区胜出的是澳大利亚的南方猎龙，在南极大陆地区胜出的是冰脊龙。双方体格相当的比赛进入加时赛。一进一退的攻防战斗持续进行，傍晚过后冰脊龙渐渐占了上风。最终判定，冰脊龙获胜。

冰脊龙

化石产地 南极大陆

生存时代 侏罗纪早期

特征 全长 6 米。以横向鸡冠为标志的肉食恐龙。作为侏罗纪早期的肉食恐龙，体型算大的。

习惯夜晚活动

南极大陆的纬度比澳大利亚高。因此夜幕降临较早，冰脊龙可能习惯了在光线暗的环境中活动。

南美洲预选赛决赛

南方巨兽龙 VS 马普龙

南美洲的决赛,在同是来自于阿根廷的恐龙之间展开。参赛双方是南方巨兽龙和马普龙。战斗僵持不下时,马普龙向支援席伙伴瞥了一眼。南方巨兽龙没有放过这一瞬间,用坚硬且凹凸不平的头部撞向马普龙的脑袋,趁其失去平衡咬住了对方露出的喉咙,南方巨兽龙获胜!

马普龙

化石产地 阿根廷

生存时代 白垩纪晚期

特征 全长约 11.5 米的大型肉食恐龙。日常狩猎可能采取集体行动。

锋利的牙齿

略微细瘦的下巴上排列着像刀子一样的牙齿。

锋利的牙齿

虽然体型较小，但是
基本力量与南方巨兽
龙一样。

南方巨兽龙

化石产地 阿根廷

生存时代 白垩纪晚期

特征 全长13~14米的大型肉食恐
龙。从鼻子上方延伸到眼睛上方的
头骨坚硬且凹凸不平。

北美洲预选赛决赛

霸王龙 VS 异特龙

异特龙

化石产地 美国

生存时代 侏罗纪晚期

特征 全长约 8.5 米，体重约 1.7 吨。是身材苗条的肉食恐龙。能轻松把猎物的肉切开吃。

压制对手的手臂

长手臂能够压制住猎物。

在竞争激烈的北美洲预选赛胜出的是侏罗纪时期的王者异特龙和白垩纪时期的帝王霸王龙。异特龙在侏罗纪时期显现出压倒其他恐龙的强大力量，但在霸王龙面前却有些软弱。这也不奇怪，霸王龙比异特龙长3.5米，重4吨多。双方互相敌视了很久，异特龙自己退出了比赛。霸王龙不战而胜！

能够产生超强
破坏力的下巴

咬合力是异特龙的6倍。

霸王龙

[化石产地] 美国、加拿大
[生存时代] 白垩纪晚期
[特征] 全长约12米，体重约6吨。是身体健壮的肉食恐龙。可以将猎物的肉连着骨头一起咬碎。

欧洲预选赛决赛

蛮龙
重爪龙

VS

在欧洲预选赛决赛中出场的是来自葡萄牙的蛮龙和来自英国的重爪龙。比赛刚一开始，蛮龙便展开了积极的进攻。身体较小，平常以鱼为食的重爪龙则以防守为主。不久，蛮龙咬住了重爪龙的脖子，将肉撕开了。蛮龙取得了压倒性胜利。

蛮龙

化石产地 葡萄牙、美国
生存时代 侏罗纪晚期
特征 葡萄牙的蛮龙全长可达10米。有锋利的牙齿。

大头

号称与霸王龙级
别相同的大头是
最有利的武器。

重爪龙

化石产地　英国、尼日尔

生存时代　白垩纪早期

特征　英国的重爪龙全长约7.5米，
是肉食恐龙。科学家们认为它的主
要食物可能是鱼类。

锋利的指甲

手上长有锋利的指甲。

世界总决赛

霸王龙（北美洲代表）

VS

南方巨兽龙（南美洲代表）

世界总决赛在北美洲的霸王龙和南美洲的南方巨兽龙之间展开。最先发起进攻的是南方巨兽龙。霸王龙不留神受了伤。但是，霸王龙抓住一瞬间的机会反击，反过来咬住南方巨兽龙的上颌并一口咬碎。霸王龙胜利了。

霸王龙

化石产地 美国、加拿大

生存时代 白垩纪晚期

特征 全长约 12 米，体重约 6 吨。身体健壮的肉食恐龙。可以将猎物的肉连着骨头一起咬碎。

能够产生超强破坏力的下巴

咬合力约为南方巨兽龙的 3 倍。

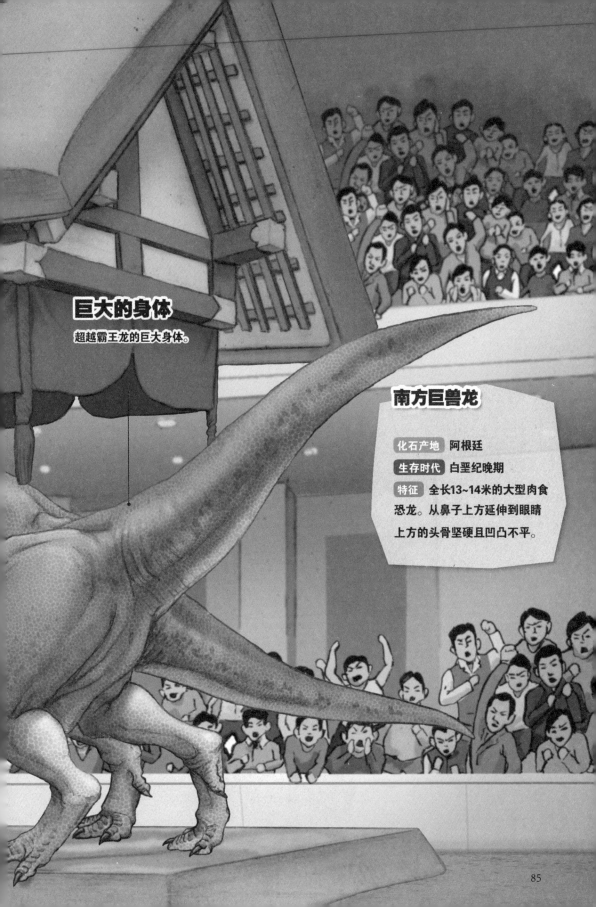

巨大的身体

超越霸王龙的巨大身体。

南方巨兽龙

化石产地 阿根廷

生存时代 白垩纪晚期

特征 全长13~14米的大型肉食
恐龙。从鼻子上方延伸到眼睛
上方的头骨坚硬且凹凸不平。

恐龙世界杯
外传

霸王龙（北美洲代表）

非洲象（野生动物代表）

VS

站在恐龙世界杯霸主霸王龙面前的，是现在陆地上最大的哺乳动物非洲象。非洲象通过提高叫声、展开硕大的耳朵、左右大幅度摇晃鼻子来恐吓霸王龙。但是，它并没有积极地向比自己大的霸王龙发起进攻。霸王龙在陌生的对手面前退缩了。这次比赛双方打成了平手。

霸王龙

化石产地 美国、加拿大

生存时代 白垩纪晚期

特征 全长 12 米，体重 6 吨。最强大的肉食恐龙。

偷偷窥探陌生的对手

在恐龙里属于比较聪明的。

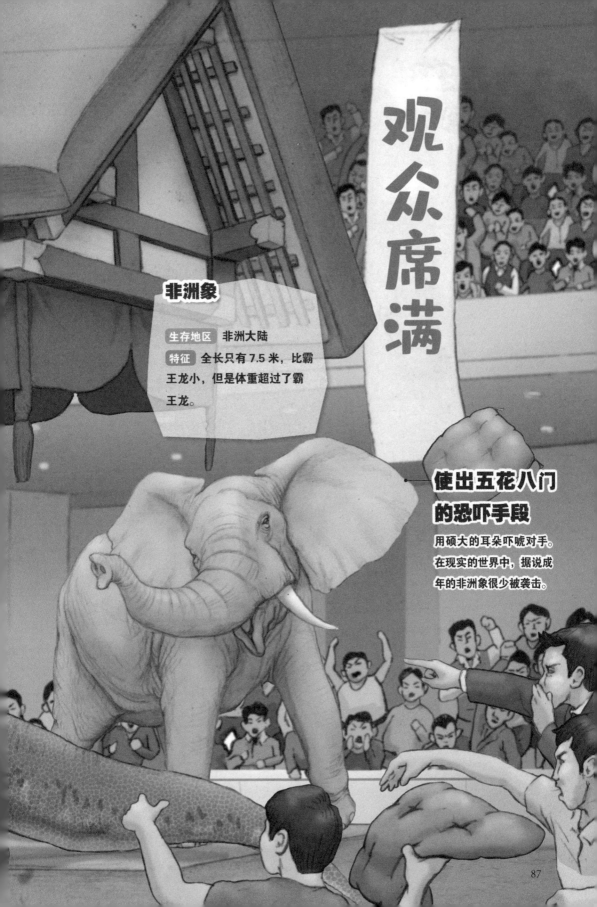

观众席满

非洲象

生存地区 非洲大陆

特征 全长只有 7.5 米，比霸王龙小，但是体重超过了霸王龙。

使出五花八门的恐吓手段

用硕大的耳朵吓唬对手。在现实的世界中，据说成年的非洲象很少被袭击。

"强大"的意义
不简单

谁更强大

重量优势

阿根廷龙

化石产地 阿根廷

生存时代 白垩纪中期

特征 它确实比霸王龙重8倍以上。一般的捕猎者是很难把这个恐龙打倒的。

恐龙世界杯的决赛，主要是肉食恐龙一决胜负。这就像人类在进行无差别的拳击或柔道比赛。

但实际上，自然界决定"强大"的条件要稍微复杂些。比如，就像恐龙世界杯外传说的那样，即便是草食动物，重量大的动物也能发挥它的"强大"。在自然界中，袭击比自己重的猎物，对捕猎者来说是危险的事情。重量大的猎物随便踢一下或者摇摇尾巴都可能让捕猎者受伤。如果猎物倒地时捕猎者被压在下面，可能让捕猎者丢掉性命。

此外，"集体的力量大"。许多个体弱小的动物都能通过团队协作的方式打倒比自己强大的对手。

恐爪龙

化石产地 美国

生存时代 白垩纪早期

特征 被认为是擅长集体作战的肉食恐龙。善于玩弄对手，如果找到破绽，甚至可以让大型猎物屈服！

集体的力量大

中华蜜蜂

特征 集体将比自己身体大2倍以上的马蜂围住，能用体温将马蜂闷热致死。

第3章

古生物比比看

已经灭绝的古生物，不仅仅是恐龙。从大约6亿年前，一直到今天，在陆地上和海中出现了各种各样的新的动物，也有各种各样的动物逐渐灭绝了。

在这里，我们来比一比这些古生物中有代表性的动物和现在生活在地球上的动物吧！

除了恐龙之外，还有很多古生物也曾经存在过哦！

比一比飞行距离（→p.100）

比一比大小（→p.92）

比一比潜水（→p.96）

比比看
陆生动物谁更长

鱼石螈

| 化石产地 | 格陵兰岛 |

| 生存时代 | 泥盆纪晚期 |

特征 两栖动物的一种，出现在约 3 亿 7000 万年前。是最初陆生动物之一。

异齿龙

| 化石产地 | 美洲大陆、德国 |

| 生存时代 | 二叠纪早期 |

特征 出现在约 2 亿 9000 万年前，合弓类（包括哺乳类祖先在内的团队）的一种。称霸当时的陆地生态系统。

古马陆

| 化石产地 | 美国、英国、德国等 |

| 生存时代 | 石炭纪晚期 |

特征 约 3 亿 1000 万年前的草食节肢动物。在当时的陆生动物中，是可以和某些脊椎动物相匹敌的大型动物。

2米

1米

3.5米

早在4亿8000万年前,陆地上就出现了动物的身影。从那之后,各种各样的动物不断出现,然后灭绝。在这里,我们选取了各个时代的动物,看看在进化的过程中,动物是怎样越变越大的。

蜥龙鳄

化石产地 阿根廷、美国

生存时代 三叠纪晚期

特征 约2亿2800万年前的爬行动物,属于镶嵌踝类。长着一个跟霸王龙相似的大脑袋。

狮子

生存地区 非洲、亚洲

特征 现代肉食哺乳类动物的代表。从生命的历史看,哺乳类动物都不太大。

美洲剑齿虎

化石产地 阿根廷、玻利维亚、巴西等

生存时代 第四纪

特征 剑齿虎的一种(哺乳动物)。在陆生肉食哺乳动物中,没有像恐龙那样体型庞大的品种。

狗（拉布拉多猎犬）

特征 具有代表性的大型犬,作为导盲犬广为人知。

5米

3米

2米

0.8米

比比看

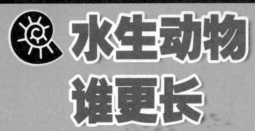

水生动物
谁更长

秀尼鱼龙

化石产地 加拿大

生存时代 三叠纪晚期

特征 属于鱼龙类。长约 21 米，是目前已发现的最大的鱼龙类。

巨齿鲨

化石产地 世界各地

生存时代 晚第三纪

特征 当时海洋中最凶猛的掠食者。最长可达 20 米。

21米

12米

8米

1米

邓氏鱼

化石产地 美国、摩洛哥等

生存时代 泥盆纪

特征 由骨头构成的"盔甲"覆盖头部和胸部，是目前已知的最大的古生代鱼。

奇虾

化石产地 加拿大

生存时代 寒武纪

特征 有大触手和大眼的节肢动物。寒武纪时，奇虾周围的海洋动物大多只有几厘米长，它是当时的海洋霸主！

地球的生命在海中诞生，且很长时间内只在水中繁衍生息。跟一部分登上陆地的动物一样，留在水里的动物也在不断地进化。后来有些上岸的动物出于一些原因又从陆地回到了海里，并且在海里进化越来越大。和陆地不同，水是有浮力的，浮力可以支撑体重，所以，海洋中出现了一些可以与恐龙一较高低的大型动物。

蓝鲸

特征　现在地球上最大的动物。

33.6米

利兹鱼

化石产地　英国、法国、德国等

生存时代　侏罗纪中期至晚期

特征　史上最大的硬骨鱼类。有很多谜团，也有一种说法是最大者长达27米。

16.5米

3米

东方蓝鳍鲔

特征　拥有流线型的身体，在太平洋中高速游动。

9米

千叶龙

化石产地　日本海

生存时代　白垩纪晚期

特征　从陆地回到海中的爬行类，属于蛇颈龙类。长长的颈部占据了身长的一半以上。

比比看
谁是潜水高手

鱼龙类，是在中生代三叠纪出现的海生爬行动物。随着时间的推移，进化得越来越像现在的海豚。鱼龙类有多强的潜水能力呢？在这里，让我们从两种有代表性的动物身上来看看它们"潜水能力"。

擅长潜水

大眼鱼龙

化石产地 英国、法国、美国等

生存时代 侏罗纪中期至晚期

特征 全长 4 米左右，有直径大于 20 厘米的大眼睛，即便在光线很难抵达的深海，也能看清楚周围状况。

潜到最深处

不擅长潜水

歌津鱼龙

化石产地 日本

生存时代 三叠纪早期

特征 全长 2 米左右的原始鱼龙类。和大眼鱼龙相比，身体细长，不太像海豚。应该生活在浅海。

擅长深潜

大王乌贼

特征 可以潜到水深 900 米左右的地方。

抹香鲸

特征 可能潜到水深 3000 米左右的地方。

翼展多长才可以在空中飞翔！

比比比看

 飞行动物

谁更大

风神翼龙

| 化石产地 | 北美洲 |

| 生存时代 | 白垩纪晚期 |

特征 最大的翼龙类。没有牙齿的大大的头部是它的特征。

翼展长度11米

翼展长度1米

真双型齿翼龙

| 化石产地 | 法国、意大利、瑞士等 |

| 生存时代 | 三叠纪晚期 |

特征 最古老的翼龙类，小小的头和长长的尾巴是它的特征。翼龙类支配着恐龙时代的天空。

始虚骨龙

| 化石产地 | 德国、马达加斯加、英国 |

| 生存时代 | 二叠纪晚期 |

特征 爬虫类的一种。左右两侧有可以折叠的翅膀，展开翅膀滑翔着。

全长60厘米

在海中诞生的生命，登上陆地，变得既能在陆地上生活，也能在空中飞翔。所谓的"在空中飞翔"，必须克服地球的重力。因此在动物进化的历史中，让翅膀和翼变发达的各种各样的动物登场了。在这里，比一比这些飞行动物吧！

漂泊信天翁

特征 现今世界上最大的鸟类。展开翅膀的宽度（翼展长度）超过3米。

全长1.2米

全长90厘米

侏罗纪时代会飞的齧鼠

化石产地 中国

生存时代 侏罗纪中期

特征 最古老的"在空中飞的哺乳类"。就像现在的齧鼠一样，展开飞膜滑翔。

巨脉蜻蜓

化石产地 法国

生存时代 石炭纪晚期

特征 属于与现在的蜻蜓相似的"原始蜻蜓类"。在无脊椎动物中是最大的空中飞行动物。

翅展长度70厘米

吸蜜蜂鸟

特征 现在世界上最小的鸟类。体重仅有2克。

大嘴乌鸦

特征 拥有粗大的喙，额头突出。

全长57厘米

全长6厘米

比比看

斑尾塍鹬

> **特征** 现生鸟类。可以不休息地飞越太平洋。

飞1万千米以上不着陆?

　　已经灭绝的动物，到底曾经能飞多远呢？想要知道这个距离是非常困难的。因为不知道它们是在发现化石的地方生活，还是从远方飞过来在这里死去的。在远离陆地的海洋形成的地层中发现化石的夜翼龙等部分翼龙，因为擅长利用风飞翔，所以会到海面上去捕鱼。

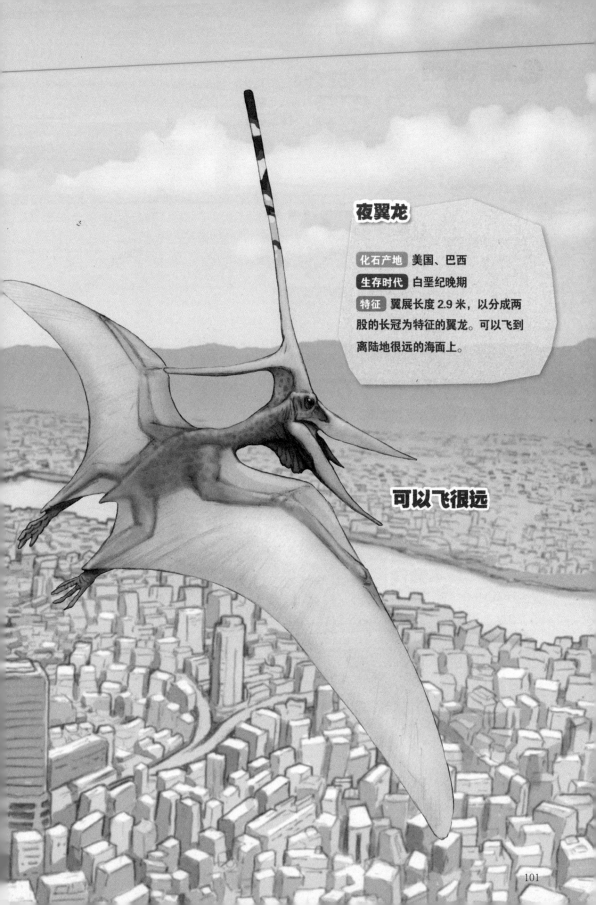

夜翼龙

化石产地 美国、巴西

生存时代 白垩纪晚期

特征 翼展长度2.9米，以分成两股的长冠为特征的翼龙。可以飞到离陆地很远的海面上。

可以飞很远

始祖鸟

化石产地	德国

生存时代	侏罗纪晚期

特征 始祖鸟是长有羽毛的羽毛恐龙。虽然不擅长飞翔，但是可以在树木之间滑翔。

从树木到树木

龟吉拉面

实际上不会飞？

不会飞

非洲鸵鸟

特征 虽然有翅膀，但是不会飞。

从树木到树木

白颊鼯鼠

特征 在树木之间滑翔。好像最远可以飞 160 米。

从树木到树木

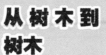

小盗龙

化石产地 中国

生存时代 白垩纪早期

特征 全长 90 厘米左右、四肢上有翼的羽毛恐龙。普遍认为它在树木之间滑翔。

风神翼龙

化石产地 北美洲

生存时代 白垩纪晚期

特征 最大的翼龙。实际上，不知道像风神翼龙这样的大型翼龙是否能够飞翔。

什么呀，什么都没有呀……

好吧，早点睡觉！

小角……

怎么消失了……

好不容易见到的……

小龙……

没关系的！

作者的话

　　恐龙时代有很多体型巨大的动物。草食恐龙体型巨大，袭击它的肉食恐龙也不小。看一般的恐龙图书时，我们往往很难按照日常的尺寸进行判断。尤其是看到"全长 12 米"这样的数字，很难理解实际上到底有多大。

　　我们在本书中，不仅标示了尺寸，还把各种各样的恐龙，与现在的动物进行了比较。通过和熟悉的动物进行比较，能让读者真实感受到恐龙的大小和"厉害之处"。

　　我要感谢群马县自然史博物馆的朋友们，在百忙当中给予的各种协助，非常感谢！

　　另外，我也要感谢将这本书拿在手中的各位读者。在"假设"的世界里想象古生物，希望你们能感受到别样的浪漫。

土屋健

作者　土屋健

科普作家。Office GeoPalaeont法人。金泽大学硕士（理学）。日本地质学会会员。日本古生物学会会员。曾担任《科学》杂志的记者编辑，后独立创业。著有多本与地质学和古生物学相关的大众图书及杂志文章。最新的著作包括《世界恐龙地图 探索惊异的古生物》《霸王龙完全解剖》《开心的动物化石》等。

©2021辽宁科学技术出版社
著作权合同登记号：第06-2018-12号。

图书在版编目（CIP）数据

奇幻大自然探索图鉴. 灭绝的恐龙家族 / (日) 土屋健著；
木木译. — 沈阳：辽宁科学技术出版社，2021.1
ISBN 978-7-5591-1675-8

Ⅰ.①奇…　Ⅱ.①土…②木…　Ⅲ.①自然科学–少年
读物②恐龙–少年读物　Ⅳ.①N49②Q915.864-49

中国版本图书馆CIP数据核字(2020)第135745号

出版发行：辽宁科学技术出版社
　　　　　（地址：沈阳市和平区十一纬路25号　邮编：110003）
印　刷　者：辽宁新华印务有限公司
经　销　者：各地新华书店
幅面尺寸：170mm×240mm
印　　张：7
字　　数：180千字
出版时间：2021年1月第1版
印刷时间：2021年1月第1次印刷
责任编辑：姜　璐
封面设计：许琳娜
版式设计：许琳娜
责任校对：许琳娜

书　　号：ISBN 978-7-5591-1675-8
定　　价：35.00元

投稿热线：024-23284062
邮购热线：024-23284502
E-mail:1187962917@qq.com